BEI GRIN MACHT SICH IHR WISSEN BEZAHLT

- Wir veröffentlichen Ihre Hausarbeit, Bachelor- und Masterarbeit

- Ihr eigenes eBook und Buch - weltweit in allen wichtigen Shops

- Verdienen Sie an jedem Verkauf

Jetzt bei www.GRIN.com hochladen und kostenlos publizieren

Bibliografische Information der Deutschen Nationalbibliothek:

Die Deutsche Bibliothek verzeichnet diese Publikation in der Deutschen Nationalbibliografie; detaillierte bibliografische Daten sind im Internet über http://dnb.dnb.de/ abrufbar.

Dieses Werk sowie alle darin enthaltenen einzelnen Beiträge und Abbildungen sind urheberrechtlich geschützt. Jede Verwertung, die nicht ausdrücklich vom Urheberrechtsschutz zugelassen ist, bedarf der vorherigen Zustimmung des Verlages. Das gilt insbesondere für Vervielfältigungen, Bearbeitungen, Übersetzungen, Mikroverfilmungen, Auswertungen durch Datenbanken und für die Einspeicherung und Verarbeitung in elektronische Systeme. Alle Rechte, auch die des auszugsweisen Nachdrucks, der fotomechanischen Wiedergabe (einschließlich Mikrokopie) sowie der Auswertung durch Datenbanken oder ähnliche Einrichtungen, vorbehalten.

Impressum:

Copyright © 2017 GRIN Verlag, Open Publishing GmbH
Druck und Bindung: Books on Demand GmbH, Norderstedt Germany
ISBN: 9783668456815

Dieses Buch bei GRIN:

http://www.grin.com/de/e-book/366997/feministische-geographien-eine-kritische-auseinandersetzung-mit-einer

Anonym

Feministische Geographien. Eine kritische Auseinandersetzung mit einer androzentrischen Wissenschaft

GRIN Verlag

GRIN - Your knowledge has value

Der GRIN Verlag publiziert seit 1998 wissenschaftliche Arbeiten von Studenten, Hochschullehrern und anderen Akademikern als eBook und gedrucktes Buch. Die Verlagswebsite www.grin.com ist die ideale Plattform zur Veröffentlichung von Hausarbeiten, Abschlussarbeiten, wissenschaftlichen Aufsätzen, Dissertationen und Fachbüchern.

Besuchen Sie uns im Internet:

http://www.grin.com/

http://www.facebook.com/grincom

http://www.twitter.com/grin_com

Christian-Albrechts-Universität zu Kiel
Geographisches Institut
Humangeographie I (BS)
Wintersemester 2016/2017
Datum: 01.02.2017

Feministische Geographien
Eine kritische Auseinandersetzung mit einer androzentrischen Wissenschaft

Inhaltsverzeichnis

1	Einleitung	2
2	Entstehung feministischer Perspektiven in Deutschland	2
3	Konzepte und Ziele feministischer Geographien	4
3.1	*Abgrenzung Frauenforschung und Feministische Forschung*	*4*
3.2	*Gender und Raum*	*4*
3.3	*Ziele feministischer Geographien*	*5*
4	Judith Butlers Überlegungen zu Gender	6
5	Kritische Betrachtung des Konzepts	7
6	Fazit	7
Literaturverzeichnis		9

1 Einleitung

Seit den 1970er Jahren entwickelte sich parallel zu multiplen Nachbardisziplinen innerhalb der Sozial- und Geisteswissenschaften eine sowohl kritische als auch gesellschaftspolitische Forschungsperspektive in der Geographie, die als „Feministische Geographie[1]" bezeichnet wird und eng mit der 1968 beginnenden „Neuen Deutschen Frauenbewegung" verbunden ist (OSTHEIDER 1989, S. 3). Als Kerngedanke sämtlicher feministischer Entwicklungen wird in der heutigen Fachliteratur immer wieder ein Zitat von Zelinsky, Monk und Hanson aus dem Jahre 1982 angeführt. Darin heißt es: „The human geographer must view reality stereoscopically, so to speak, through the eyes of both men and women, since to do otherwise is to remain more than half-blind" (ZELINSKY et al. 1982, S. 353).

Anspruch einer Geisteswissenschaft sollte es sein, beide Geschlechter in gleichem Umfang zu behandeln und nicht eine Hälfte der Menschheit außer Acht zu lassen (BOCK et al. 1989, S.1). Aus diesem Grund ist das Thema auch für die Geographie relevant, da diese mit ihrem Teilbereich der Humangeographie bzw. Anthropogeographie geisteswissenschaftliche Fragestellungen in Bezug auf Raum und Mensch behandelt. Somit ist auch die Analysekategorie „Geschlecht" in der Geographie von Bedeutung.

Die drei Geograph*innen Zelinsky, Monk und Hanson postulieren in dem vorher angeführten Zitat, was sowohl in der Geographie als auch in anderen Disziplinen wie etwa die der Geschichte oder Linguistik seit den 1970er Jahren zunehmend kritisiert wurde: Die androzentrische[2] Ausrichtung sowohl in der Vergangenheit als auch in der Gegenwart der geographischen Wissenschaft (WUCHERPFENNIG und FLEISCHMANN 2008, S. 353).

Ziel der Hausarbeit ist es, einen groben Überblick über die feministische Perspektive in der Geographie zu geben: Angefangen bei der Entstehung feministischer Perspektiven in der deutschen Geographie hin zur Erläuterung des Konzepts feministischer Geographien mit Hilfe einer Begriffsklärung von „Geschlecht" und „Raum" sowie dazugehörigen Zielen. Im Anschluss daran finden die Überlegungen zu Gender und Geschlecht von der Philosophin Judith Butler Gehör, welche auch die deutsche feministische Theorie beeinflusst haben. Zuletzt soll eine abschließende Kritik an der feministischen Geographie unter Berücksichtigung Judith Butlers geübt werden. Außerdem soll im Laufe der Hausarbeit die Leitfrage „Wie haben sich feministische Perspektiven im Laufe der Zeit in Deutschland verändert?" beantwortet werden.

2 Entstehung feministischer Perspektiven in Deutschland

Die Anfänge der feministischen Forschung in Deutschland werden in der Fachliteratur auf die 1970er Jahre datiert. Dies war eine relativ spät aufkommende Entwicklung in der Geographie, da in Nachbardisziplinen wie etwa der Soziologie oder Linguistik als auch in der ausländischen Geographie, insbesondere in Amerika, Jahrzehnte früher Frauenbewegungen entstanden sind (BÄSCHLIN und MEIER 1995, S. 248). Angetrieben durch die 1968 startende „Neue Deutsche Frauenbewegung" entstanden verschiedene feministische Initiativen im öf-

---

[1] „Feministische Geographien" auch als Plural-Schreibweise, um der hohen Anzahl an Themenfeldern, Theorien und Zielen gerecht zu werden

[2] Androzentrismus: Sichtweise, in welcher der Mann das Zentrum des Denkens bildet (nach duden.de)

fentlichen Leben, aber auch an Hochschulen und anderen Institutionen. So wurde beispielsweise die Sektion Frauenforschung in der Soziologie gegründet. Die Blüte der Frauenforschung im Hochschulbereich wird auf das Ende der 1980er Jahre datiert (OSTHEIDER 1989, S. 13).

In der Geographie gab es in den 1970er Jahren erstmals Untersuchungen auf soziokultureller Ebene zur Benachteiligung von Frauen in unterschiedlichen gesellschaftlichen Bereichen (STRÜVER 2014, S. 139). Laut Karin Oswald bildet diese Zeit die erste Phase der Entstehung einer feministischen Frauenforschung in der Geographie, die von ihr auch als „Bewegung von unten" bezeichnet wird und hauptsächlich von sozialwissenschaftlichen Nachbardisziplinen angeregt wurde (GILBERT 1993, S. 80f.). Diese erste Phase wurde von aktiven Studentinnen getragen, die sich individuell oder in Form von studentischen Arbeitsgruppen mit dem Thema „Frau und Geographie" beschäftigten. Ausgangspunkt war hierbei die Forschung in der Stadtgeographie. Das Bewusstsein für eine Benachteiligung von Frauen bei der Raumaneignung und Raumnutzung war der Auslöser für erste feministische Überlegungen. So stellte man beispielsweise fest, dass Frauen seltener einen PKW nutzen oder häufiger als Männer mit Kindern unterwegs sind und Räume darum anders nutzen (STRÜVER 2007, S. 905).

Erste Diplomarbeiten zur geographischen Geschlechterforschung wurden publiziert. An sämtlichen geographischen Instituten Deutschlands wurden Vorträge oder Kolloquiums-Reihen organisiert. Eine sich allgemein etablierende Debatte im Fach kam allerdings nicht zustande, da es lediglich verstreut feministische Ansätze in der geographischen Wissenschaft gab (GILBERT und MEIER 1995, S. 248).

Die zweite Phase beginnt rückblickend mit einem Treffen junger Geographinnen aus Österreich, Deutschland und der Schweiz im Mai 1988 unter Verena Meier. Bei diesem Treffen herrschte Konsens und Unzufriedenheit darüber, dass Frauen in der Geographie sowohl als Forschungssubjekte als auch Forschungsobjekte gravierend unterrepräsentiert sind (OSTHEIDER 1989, S. 3f.). Die Nachwuchswissenschaftlerinnen waren sich einig über die Notwendigkeit, bereits vorkommende feministische Initiativen zu organisieren und zu strukturieren, um ihr Anliegen langfristig gesehen im Fach etablieren zu können. Somit hat man den „Geo-Rundbrief" ins Leben gerufen, der über geographische Geschlechterforschung informieren soll und seit Juli 1988 regelmäßig erscheint und so dazu beigetragen hat, deutschlandweit ein Netzwerk unter Feministinnen in der Geographie aufzubauen (BÄSCHLIN und MEIER 1995, S. 249). Auf dem Geographentag 1989 in Saarbrücken wurde der ständige Arbeitskreis „Feministische Geographie" im Deutschen Verband für angewandte Geographie gegründet, welcher zwei Jahre später seine erste offizielle Sitzung abhielt. Im Jahre 2005 wurde dieser in „Geographie und Geschlecht" umbenannt und hat heute nach eigenen Angaben zum Ziel, „[...] die geographische Geschlechterforschung theoretisch und methodisch weiter zu entwickeln und ihre Relevanz in Forschung und Praxis zu stärken" (http://ak-geographie-geschlecht.org).

3 Konzepte und Ziele feministischer Geographien

3.1 Abgrenzung Frauenforschung und Feministische Forschung

Um den kritischen Anspruch feministischer Forschung zu verdeutlichen, ist es wichtig, diese Forschungsperspektive klar von der reinen Frauenforschung abzugrenzen. Frauenforschung beschäftigt sich demnach mit deskriptiver Forschung zur „Frau" und ist laut Ostheider eine „Forschung über Frauen" (OSTHEIDER 1989, S. 5). Im Gegensatz dazu kann feministische Forschung als „Forschung von Frauen über Frauen" bezeichnet werden. Damit einher geht einerseits ein aktiver Prozess der Gesellschaftskritik und das Ziel, gesellschaftliche Strukturen, wie in diesem Fall die Diskriminierung von Frauen, die aufgrund gesellschaftlicher Rollenzuweisungen entsteht, aufzuheben. Anderseits verdeutlicht Ostheider damit, dass feministische Forschung nur von Frauen geleistet werden kann und die Forschung somit eine gewisse Parteilichkeit als auch Betroffenheit voraussetzt (ebd., S. 6).

3.2 Gender und Raum

Sowohl das Geschlecht als auch der Raum sind für uns im Alltag eindeutig konnotiert und definiert. Aus (sozial)wissenschaftlicher Perspektive sind die Begriffe allerdings gesellschaftlich konstruiert. „Gesellschaftliche Vorstellungen über Personengruppen und Räume erzeugen diese erst und fassen sie als Kategorien und Begriffe" (WASTL-WALTER 2010, S.12). Eine geographische Perspektive auf Geschlecht und Raum setzt voraus, dass die Kategorie Geschlecht neben einer sozialen auch eine räumliche Komponente besitzt und die Begriffe somit keine unabhängigen Kategorien darstellen. Zusätzlich werden beide Begriffe durch gesellschaftliche Machtverhältnisse geprägt, weshalb die Analyse von Geschlecht –und Raumkonstruktionen immer auch eine Analyse von Machtverhältnissen ist (STRÜVER 2014, S. 143).

In den 1970er Jahren gab es einen konstruktivistischen Wandel in dem Verständnis von Geschlecht, durch welchen das Alltagsverständnis der Zweigeschlechtlichkeit durch Überlegungen des Geschlechts als soziales Konstrukt abgelöst wurde. Dabei etablierte sich auch in den deutschen Sozialwissenschaften das aus Amerika stammende Sex-/Gender Konzept, welches eine analytische Trennung zwischen dem biologischen Geschlecht (Sex) und dem sozialen Geschlecht (Gender) vornimmt. Diese Unterscheidung spricht gegen eine naturgegebene Übereinstimmung des bei der Geburt festgelegten Geschlechts und der späteren soziokulturellen Geschlechtsidentität. Geschlechterrollen sind somit nicht naturgegeben, sondern entstehen durch soziale Zuschreibungen der Gesellschaft (WASTL-WALTER 2010, S. 141).

Die Kritik an der natürlichen Zweigeschlechtlichkeit bildet auch in der Geographie die Voraussetzung feministischer Perspektiven, die danach fragen, in wie weit sich räumliche Strukturen und Geschlechterkonstruktionen gegenseitig beeinflussen. Folglich orientieren sich feministische Perspektiven an Theorien und Methoden der Gender Studies, erweitern geschlechtsspezifische Fragestellungen auf eine räumliche Ebene (BAURIEDL et al. 2010, S.14).

Nicht nur der „Geschlechter"-Begriff, auch der „Raum"-Begriff unterliegt verschiedenen Arten des Verständnisses. Das Raumverständnis in der Geographie wandelte sich von der anfänglich geodeterminierten Annahme des Raumes als Containerraum hin zu einem konstruktivistischen Raumverständnis eines Raumes als relationalen Raum. So zeigt Anke Strüver, Professorin für Sozialgeographie, dass feministische Ansätze in der Geographie einem relationalen Raumverständnis unterliegen, in welchem der Raum durch die Abgrenzung zu anderen Räumen durch das Handeln vom Menschen hergestellt wird und erst Bedeutung erlangt (STRÜVER 2007, S. 911). Raum und Geschlecht sind demnach sich beeinflussende, sozial konstruierte Begriffe, die sich gegenseitig produzieren (ebd.).

3.3 Ziele feministischer Geographien

Ziel feministischer Geographien ist es somit, feministische Fragestellungen in der mainstream-Geographie zu etablieren, gleichzeitig aber auch eine Gleichberechtigung von Männern und Frauen in Sozial- und Geisteswissenschaft zu erlangen und geschlechtsspezifische Unterschiede sowie jegliche Form von Diskriminierung aufzuheben (BÄSCHLIN und MEIER 1995, S. 248). Dabei ist es wichtig, den eigenen Forschungsprozess transparent zu gestalten, kritisch zu betrachten und zu reflektieren, da der Blick des Forschenden immer durch gesellschaftliche Werte- und Normvorstellungen geprägt ist und somit weder geschlechtsneutral noch vollständig objektiv sein kann (BAURIEDL et al. 2010, S. 11). Eine zusätzlich, kontrovers diskutierte, junge Entwicklung in der Geschlechterforschung, ist das Bestreben nach Intersektionalität, wodurch die Analysekategorie „Geschlecht" durch weitere Differenzkategorien wie Nationalität, Klasse oder Sexualität erweitert werden soll (STRÜVER 2014, S. 149).

Vor allem der öffentliche Raum der Stadt ist seit den 1970er Jahren vielfach Untersuchungsgegenstand feministischer Studien in der Geographie geworden und zählt als klassisches Untersuchungsfeld feministischer Geographien, die bis heute aktuell sind. Dabei gilt der Raum vielmehr als ein Durchgangsraum, als ein Aufenthaltsraum. In wissenschaftlichen Arbeiten wird dieses Phänomen als „Angstraum" bezeichnet, da Frauen aus Angst vor sexuellen Übergriffen ausgewählte öffentliche Räume meiden. Die Untersuchungen spezialisieren sich darauf, das Zusammenspiel zwischen Raumstrukturen und Gesellschaftsstrukturen mit dem Ziel zu untersuchen, konkrete räumliche Strukturen - wie etwa unbeleuchtete Wege - zu verändern und allgemein Frauen in die Stadtplanung miteinzubeziehen (WUCHERPFENNIG und FLEISCHMANN 2008, S. 363).

Feministische Geographien kennzeichnen ein weites Spektrum an Themengebieten. Vor allem in den Anfängen waren Untersuchungen geprägt von frauenbezogener Stadtforschung über die räumliche und geschlechtsspezifische Trennung von Erwerbs- und Hausarbeit bis hin zu der geringen Mobilität von Frauen im Alltag, womit fast alle alltäglichen Lebensbereiche vertreten sind. Mit der Entwicklung konstruktivistischer Ansätze und der Infragestellung bisher angenommener natürlicher Zweigeschlechtlichkeit verschoben sich auch in der feministischen Theorie die Themenfelder hin zu gendersensiblen Fragestellungen (STRÜVER 2007, S. 906).

4 Judith Butlers Überlegungen zu Gender

Feministische Geographien sind eng mit feministischen Arbeiten anderer Disziplinen verbunden, weshalb eine gewisse Interdisziplinarität in diesen Forschungsperspektiven von essentieller Bedeutung ist (WUCHERPFENNIG und FLEISCHMANN 2008, S. 343). Ein besonders wichtiger Einfluss auf feministische Perspektiven in der Geographie entstammt der poststrukturalistischen Gender-Theorie Judith Butlers. Judith Butler ist eine amerikanische Philosophin, die sich in ihren Arbeiten intensiv mit Themen wie Identität, Gender und Sexualität beschäftigt hat und darin die klassische feministische Theorie kritisiert (HUBBARD und KITCHIN 2010, S. 24). Butlers Theorie war außerdem Beginn eines sehr starken Einflusses englischsprachiger Werke auf die deutschen Sozialwissenschaften (ebd., S. 26). Ihr 1991 erschienenes Werk „Das Unbehagen der Geschlechter" (Original: „Gender Trouble, 1990) hat die Ende der 1980er Jahre stattfindende Diskussion zu Gender neu eröffnet.

Butler kritisiert darin das Sex-/Gender-Konzept, welches für sie nur eine Scheinlösung dafür sei, Geschlechterverhältnisse angemessen zu beschreiben. Sie geht davon aus, dass die Unterscheidung in Sex und Gender und die dazugehörigen Überlegungen zu Männlichkeit und Weiblichkeit die bestehende natürliche Zweigeschlechtlichkeit zusätzlich reproduziere (HUBBARD und KITCHIN 2010, S. 24). Sie stellt in Frage, dass männliche und weibliche Geschlechtsidentitäten gleichermaßen mit einem männlichen oder weiblichen Körper verbunden sind. Dabei kann Männlichkeit auch einem weiblichen Körper entstammen (ebd.). Außerdem kann die Gruppe „Frau" nicht homogenisiert werden, wie es im Gender-Konzept der Fall ist. Eine homogene Gruppe „Frau" gibt es demnach nicht, da Frauen u.a. durch zunehmende Individualisierung nicht durch gleiche Interessen, Erfahrungen und Probleme gekennzeichnet seien. Für Butler existieren „so viele Geschlechter, wie es Menschen gibt" (WASTL-WALTER 2010, S. 25).

Butler selbst begreift Geschlechtsidentitäten als das Produkt kultureller Normen, welche somit die in der Gesellschaft vorhandenen Normen und Werte verkörpern. Das Inszenieren der Geschlechtsidentität „Mann" reproduziert gleichermaßen die damit verbundenen gesellschaftlichen Vorstellungen von Männlichkeit. Geschlecht wird damit nicht als etwas Natürliches, sondern als kulturelle Norm, die in einem Körper inkorporiert ist, gesehen. In dem Werk „Key thinkers on space and place" heißt es über Butler: „[...] she argues that the two sexes themselves are also social constructions so that there is nothing „natural" about everybody being defined in terms of one sex or another" (HUBBARD und KITCHIN 2010, S. 24). Die Inkorporation und damit einhergehende Verfestigung der Geschlechtsidentität gelingt mithilfe von Sprechakten, Zeichen und Symbolen, was Butler als Performativität bezeichnet. Insbesondere durch sprachliche Ausrufe als Frau wird Geschlechtsidentität verfestigt und performativ hergestellt (STRÜVER 2014, S. 145).

Auch wenn die Überlegungen Butlers keinen Raumbezug haben, sind sie doch auch für feministische Perspektiven in der Geographie relevant (HUBBARD und KITCHIN 2010, S. 24). Die Untersuchung von Wechselwirkungen zwischen Raumstrukturen und Geschlechterkonstruktionen setzt voraus, sich auch terminologisch mit den Begriffen „Raum" und „Geschlecht" auseinanderzusetzen. Außerdem führten sie dazu, dass sich das Bewusstsein einer Selbstreflexion des Forschers verstärkt hat (ebd.).

5 Kritische Betrachtung des Konzepts

Betrachtet man das Konzept der Feministischen Geographie kritisch, lässt sich anführen, dass zum einen die Betonung des spezifisch Weiblichen zu einer „umgekehrten Geschlechtsblindheit" (STRÜVER 2014, S. 139) führt. Feministische Perspektiven produzieren somit das, was sie an der männerzentrierten Geographie kritisieren: Die einseitige Konzentration auf ein Geschlecht. Judith Butler fasst dies in ihrem Werk „Das Unbehagen der Geschlechter" zusammen", indem sie schreibt: „Der Versuch, den Feind in einer einzigen Gestalt zu identifizieren, ist nur ein Umkehrdiskurs, der unkritisch die Strategie des Unterdrückers nachahmt, statt eine andere Begrifflichkeit bereitzustellen" (BUTLER 1991, S. 33).

Ein weiterer Kritikpunkt, den auch Judith Butler in ihren Überlegungen immer wieder anführt, ist die Homogenisierung und Kategorisierung der „Frau". Demnach ist es nicht möglich, von einer homogenen Gruppe „Frau" zu sprechen, da sowohl ihre naturgegebenen Eigenschaften als auch geschlechtsspezifischen Erfahrungen nicht generalisiert werden können (STRÜVER 2007, S. 139).

Anne-Francoise Gilbert bezeichnet noch im Jahr 1993 die Schwierigkeit der Integration feministischer Fragestellungen in den 1970er Jahren als „Institutionelle Abwehr", was ihren Überlegungen zufolge zwei Gründe haben kann. (1) Zum einen stellte die feministische Forschung die Grenzen des Faches infrage, welche insbesondere in der Geographie aufgrund der hohen Interdisziplinarität großem Legitimationsdruck unterliegen. (2) Hinzu kam außerdem, dass kritische Auseinandersetzungen mit Theorien in der Geographie bisher eine untergeordnete Rolle spielten, was gerade feministischen Ansätze zum Ziel haben (GILBERT 1993, S. 82).

Auch die Kritik ausländischer Wissenschaftler insbesondere in den 1980er Jahren an feministischen Ansätzen in der Geographie war hoch. Geschlecht als alleinige Analysekategorie sei nicht ausreichend, um Realitäten von Frauen beschreiben zu können und somit gilt es, Ansätze zu entwickeln, die weitere Kategorien miteinbeziehen (WASTL-WALTER 2010, S. 34). Auch Derek Gregory führt in „The dictionary of Human Geography" einige Kritikpunkt gegenüber feministischer Geographien an. Auf der einen Seite konzentrieren sich feministische Forschungen auf situatives Wissen, womit ein universalistisches Bestreben ausgeschlossen ist und generalisierbare Theorien auf übergeordneter Ebene nicht Ergebnis solcher Forschungen sein können (GREGORY 2009, S. 245). Auf der anderen Seite wird in demselben Artikel Gillian Rose angesprochen, die ebenfalls eine Umkehrung des Maskulinums durch feministische Geographinnen kritisiert, was sich auf den vorherig genannten Kritikpunkt der „umgekehrten Geschlechtsblindheit" von Anke Strüver bezieht.

6 Fazit

Feministische Geographien stellen in der Geographie keine Teildisziplin dar, sondern bilden eine Querschnittsperspektive, die in allen Themenbereichen des Faches angewandt werden kann. Zusätzlich ist eine Abgrenzung zur (geographischen) Frauenforschung notwendig. Die feministische Forschung besitzt immer einen kritisch-politischen Anspruch. Gesellschaftliche Macht -und Herrschaftsstrukturen sollen kritisch betrachtet und verändert werden, die eigenen Forschungsweisen kritisch reflektiert und hinterfragt werden.

Ursprung der feministischen Geographien in Deutschland war der Konsens vereinzelter aktiver Studentinnen über die mangelnde institutionelle Vertretung von Frauen in der Hochschulgeographie sowie die „Frau" als fehlendes Forschungsthema. Ihr Bestreben war es, feministische Fragestellungen in eine (noch) „malestream[3]"-Geographie zu integrieren.

Um abschließend die in der Einleitung genannte Leitfrage „Wie haben sich feministische Perspektiven im Laufe der Zeit in Deutschland verändert?" zu beantworten, lässt sich stark abstrahiert festhalten, dass es eine Entwicklung von der Frauenforschung über Feministische Forschung bis hin zu Gender- und Queer-Forschung gab, dessen Phasen sich allerdings nicht klar voneinander abgrenzen lassen und verschiedene Forschungspositionen somit parallel existieren bzw. neu kombiniert werden (BAURIEDL et al. 2010, S. 14). Gleichermaßen wandelten sich Forschungsgebiete von der anfänglichen Benachteiligung von Frauen und der expliziten Suche nach Differenzen zwischen Männern und Frauen hin zu Untersuchungen der Vielfalt von Geschlechtsidentitäten und der Differenz innerhalb der Gruppe „Frau" (STRÜVER 2007, S. 907). Das begründet auch die relativ junge Disziplin der Queer-Forschung, welche Heteronormativität infrage stellt und weder das natürliche noch das soziale Geschlecht als festgelegt und miteinander verbunden sieht. Aus diesem Grund ist die Bezeichnung der feministischen Geographien ausläufig und kann heute unter Gender -oder Geschlechter-Forschung gefasst werden. Diese Entwicklung spiegelt sich auch in der Umbenennung des Arbeitskreises „Feministische Geographie" zu „Geographie und Geschlecht" wieder, wodurch zu untersuchende Themenfelder weiter ausgelegt wurden und zusätzlich Fragestellungen bezüglich Gender- oder Queer-Forschung Aufmerksamkeit erfuhren.

Thomas und Ehrkamp fassen diese Kernentwicklung in ihrem Aufsatz „Feminist Geography" prägnant zusammen: „As such, feminism has extended far from examination of „woman" to consider the dictates of compulsory heterosexuality, sexual differences, racism and ethnocentrism, norms of embodiment and ability, capitalism, colonialism, and masculinist orderings of space (THOMAS und EHRKAMP 2013, S. 29).

Auch für die Zukunft wird eine regelmäßige institutionelle Standortbestimmung geschlechtsspezifischer Geographien notwendig sein, um die eigenen Forschungsmethoden/-inhalte zu reflektieren und dynamischen Prozessen in der Wissenschaft Aufmerksamkeit zukommen zu lassen.

---

[3] „malestream" als Analogie zum Begriff „mainstream"; aus feministischen Gesellschaftstheorien stammend

Literaturverzeichnis

- BÄSCHLIN, E. und V. MEIER (1995): Feministische Geographien. Spuren einer Bewegung. In: Geographische Rundschau 47 (4), S. 248-251.
- BAURIEDL, S., SCHIER, M. und A. STRÜVER (2010): Räume sind nicht geschlechtsneutral. Perspektiven der geographischen Geschlechterforschung. In: Geschlechterverhältnisse, Raumstrukturen, Ortsbeziehungen. Münster, S. 10-22.
- BOCK, S., HÜNLEIN, U., KLAMP, H. und M. TRESKE (1989): Frauen(t)räume in der Geographie. Beiträge zur Feministischen Geographie. Kassel, S. 3-26.
- BUTLER, J. (1991): Das Unbehagen der Geschlechter. Frankfurt am Main, S. 33.
- EHRKAMP, P. und M. E. THOMAS (2013): Feminist Theory. In: N. C. JOHNSON (Hrsg.): The Wiley-Blackwell Companion to Cultural Geography. Chichester, S. 29-31.
- GILBERT, A.F. (1993): Feministische Geographien. Ein Streifzug in die Zukunft. In: BÜHLER, E., MEYER, H., REICHERT, D. und A. SCHELLER (Hrsg.): Ortssuche. Zur Geographie der Geschlechterdifferenz. Zürich, S. 79-107.
- GREGORY, D. (2009): The dictionary of human geography. Chichester, S. 245.
- HUBBARD, P. und R. KITCHIN (2011): Key Thinkers on Space and Place. Los Angeles, S. 82.
- STRÜVER, A. (2007): Der kleine Unterschied und seine großen Folgen. Geschlechterspezifische Perspektiven in der Geographie. In: H. GEBHARDT (Hrsg.): Geographie. Physische Geographie und Humangeographie. Heidelberg, S. 904-911.
- STRÜVER, A. (2014): Geschlecht und Sexualität. In: Schlüsselbegriffe der Kultur- und Sozialgeographie. Stuttgart, S. 138-150.
- WASTL-WALTER, D. (2010): Gender Geographien. Geschlecht und Raum als soziale Konstruktion. Stuttgart, S. 9-28.
- WUCHERPFENNIG, C. und K. FLEISCHMANN (2008): Feministische Geographien und geographische Geschlechterforschung im deutschsprachigen Raum. In: ACME. An international E-Journal for Critical Geographies 7 (3), S. 350-376.

BEI GRIN MACHT SICH IHR WISSEN BEZAHLT

- Wir veröffentlichen Ihre Hausarbeit, Bachelor- und Masterarbeit

- Ihr eigenes eBook und Buch - weltweit in allen wichtigen Shops

- Verdienen Sie an jedem Verkauf

Jetzt bei www.GRIN.com hochladen und kostenlos publizieren